LE BLÉ

ET LA

CHERTÉ DES SUBSISTANCES.

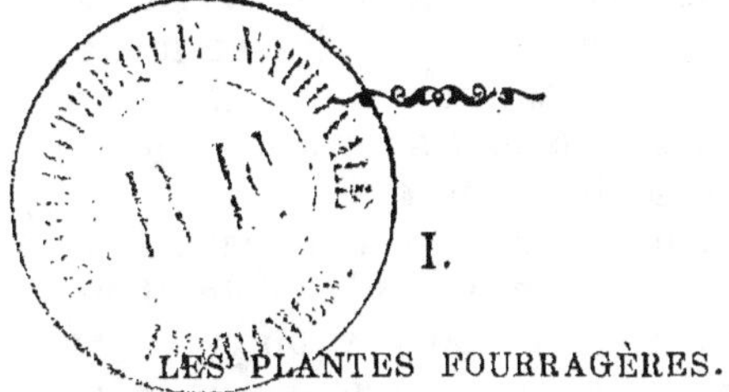

I.

LES PLANTES FOURRAGÈRES.

Dans une première étude, après avoir
posé en principe que les plantes fourragères
sont la source de la plupart des produits
agricoles, je me suis attaché à démontrer
que les sols les plus pauvres peuvent au
moyen d'un végétal extraordinairement vi-
goureux, fournir à l'agriculteur une plus
grande abondance de fourrages, d'engrais et
de récoltes de toute nature ; et que, grâce
au mélilot de Sibérie on arriverait facilement à faire prospérer une grande quantité
de terres qui ont été jusqu'à présent aban-
données parce qu'il était impossible d'y récolter la nourriture nécessaire au bétail durant l'hiver.

Pendant la belle saison, le pâturage peut
bien dans les sols ingrats aider à l'alimentation des animaux pour lesquels on n'a pu

mettre en réserve que des quantités de fourrages insuffisantes. Mais si l'été a été sec
toutes les ressources se trouvent épuisées
presqu'au début de la mauvaise saison ; et,
comme dans de pareilles circonstances les
foins arrivent à des prix très-élevés, en un
instant les économies du cultivateur peu aisé
sont englouties, et il se trouve dans la cruelle
nécessité de vendre à vil prix les animaux
qui étaient pour ses terres comme pour
lui-même la source la plus sûre de la richesse
et le gage même de l'avenir.

Il n'y avait pas à se préoccuper des terres
d'une qualité supérieure dans lesquelles tout
réussit et qui trouvent dans la plupart des
plantes fourragères une ressource excessi-
vement variée et productive à l'infini.
Car il est facile de comprendre que si une
question a fait des pas immenses dans la
science agricole, c'est naturellement celle
qui a pour but d'étudier les végétaux qui
peuvent servir de nourriture au bétail, et
que cela tient à deux causes :

La première, c'est que toute personne qui
habite la campagne, sans même s'occuper
d'agriculture, ou plutôt ne s'en occupant
que pour faire quelques recherches intéres-
santes, possède, l'une un cheval, l'autre
une vache, celle-ci plusieurs moutons ; et
que des populations entières ont eu ainsi
de tout temps l'esprit tourné vers l'étude
des moyens d'alimenter ces animaux, tandis qu'elles se reposaient sur le travail du
vrai cultivateur pour la production des récoltes nécessaires à leur propre alimentation.

La deuxième, c'est que la culture maraîchère se lie intimement à celle des fourrages par la production des plantes sarclées; que bien des industries ont pour base celle des racines dont s'occupe d'ailleurs quiconque possède le moindre coin de terre, et que des conquêtes nombreuses ont pu ainsi enrichir la science agricole et féconder de plus en plus les sols productifs en y créant une mine vraiment inépuisable.

Quoi qu'il en soit, on peut dans la pratique diviser les plantes fourragères en trois grandes classes qu'il faut distribuer de la manière suivante : 1° Les graminées dans les terres siliceuses, 2° les légumineuses dans celle où domine l'élément calcaire, 3° les racines dans les sols riches detoute nature; et, sans bannir complètement ces derniers végétaux desterrains stériles, on peut affirmer que pour couvrir largement les frais de culture qu'ils occasionnent il ne faut pas inconsidérément et de prime abord les admettre sur de grandes étendues de terres improductives.

C'est pourquoi, en parlant du mélilot de Sibérie, je me suis attaché à faire ressortir le mérite exceptionnel d'une plante qui se développe avec une telle énergie dans des situations d'une aridité désolante que par elle, l'hiver sujet de tant de préoccupations dans les mauvaises fermes, devient pour le cultivateur le plus mal placé un temps de repos physique et de tranquillité morale.

II.

LE BLÉ COMME PLANTE FOURRAGÈRE.

Mais à côté de la question de la nourriture du bétail viennent se placer d'autres problèmes tout aussi difficiles à résoudre, et qui ne seront même jamais élucidés d'une manière complète ou définitive parce qu'ils peuvent et doivent se dérouler suivant un progrès constant et sans limite.

D'ailleurs, il faut bien se dire que la science agricole est trop complexe et qu'elle embrasse trop de sciences particulières pour que l'esprit humain puisse jamais la posséder parfaitement ; et s'il m'était permis d'avancer une vérité incontestable malgré les doutes de l'opinion, je dirais que celui-là seul qui manque des notions les plus élémentaires d'une science si vaste et si profonde peut affirmer comme on le fait trop souvent que l'agriculture est le lot des esprits étroits, incapables de grands développements et d'efforts soutenus.

Le praticien qui en sonde à chaque instant les abîmes déclare, ou plutôt avoue en toute humilité qu'il n'y a point de bon cultivateur, parce qu'il sent bien que, même en ayant une connaissance approfondie de la terre, des plantes, des animaux, des engrais, de la chimie et de beaucoup d'autres sciences encore, il a toujours à soutenir en courant les chances de la Fortune, la lutte contre l'imprévu et contre mille phénomènes atmosphériques dont il est quelquefois impossible de se rendre compte, même après les avoir subis et étudiés.

Mais après avoir rendu cet hommage à la généreuse et forte race des représentants d'une industrie trop peu appréciée, il faut étudier avec soin la deuxième des trois grandes questions fondamentales que je me suis proposé d'examiner et qui sont : 1° celle des fourrages ; 2° celle des froments, et 3° celle des engrais.

La connaissance des lois qui régissent la production du blé présente un intérêt tout particulier, puisque le prix de ce grain est le régulateur du prix de toutes les substances alimentaires, et que son abondance pourrait non-seulement apporter l'aisance aux populations inquiètes, mais aussi nous relever du tribut que nous payons à l'étranger en lui achetant du grain, tandis que nous devrions plutôt lui en vendre.

Et, si une étude d'un pareil intérêt peut créer à la fois l'abondance pour les individus et une plus grande indépendance pour la nation, elle se lie en même temps d'une manière intime à la question des fourrages, puisqu'elle peut aider à la production de la viande et en augmenter la quantité dans une proportion considérable. Je ne dirai rien de l'utilité de la paille à ce point de vue ; mais supposons que l'on parvienne à obtenir en France vingt millions de quintaux métriques de blé, et par suite cinq millions de quintaux de sons de plus que l'on en obtient aujourd'hui, on aurait annuellement une augmentation d'au moins cent millions de kilogrammes de viande, et l'on atteindrait ainsi un triple résultat d'une grande importance, savoir : du pain à bon marché, de la viande en abondance et l'affranchissement d'un tribut considérable qu'il faut payer à l'étranger.

Mais avant de parler des progrès que l'on peut réaliser dans cette voie, il est bon d'examiner ceux qui déjà ont été accomplis et de rechercher l'origine d'une plante qui s'est répandue pour ainsi dire sur toute la surface du globe.

III.

ORIGINE DU BLÉ.

Longtemps avant l'ère des grandes civilisations, les hommes vécurent du produit de la chasse et de la pêche ainsi que de plantes sauvages ; puis ayant réuni et formé des troupeaux, ils en obtinrent le laitage, la viande et la laine.

Tant qu'il ne furent pas trop nombreux, ils purent se suffire ainsi, car à mesure que les troupeaux avaient détruit l'herbe d'une plaine, les pasteurs allaient sans obstacle dans une autre plaine planter leur tente et chercher de nouveaux pâturages.

Mais les populations devinrent plus denses, les tribus se fixèrent dans les lieux les plus riches et elles se trouvèrent heureuses

de vivre calmes et sans fatigue plutôt que de
toujours errer à l'aventure.

Elles défendirent alors les lieux ainsi oc-
cupés et les peuples se formèrent plus com-
pactes et plus serrés.

La chasse était devenue ingrate, les animaux sauvages abandonnant les lieux habi-
tés par l'homme ; les produits du bétail furent à leur tour insuffisants, et il fallut re-
courir à un nouveau moyen d'alimentation,
à un travail sérieux, en un mot à la culture
du sol.

Une population concentrée pour les be-
soins d'une industrie naissante et pour la
résistance aux attaques des populations voi-
sines qui se trouvaient aussi à l'étroit ren-
dait impossible l'empiètement sur les terrains des tribus avoisinantes, à moins d'un
état permanent de guerre et de pillage, et
l'on ne pouvait plus se passer de récoltes.

Mais quelles pouvaient être alors ces récoltes devenues indispensables ?

On avait bien trouvé çà et là quelques espèces sauvages et grossières de lentilles, de
pois, de légumes de diverses natures et de
qualité médiocre. Mais le froment faisait
défaut. Les autres céréales ne devaient pas
encore avoir un grain suffisamment développé. On ne pouvait même soupçonner
l'existence de la pomme de terre, et l'on
comprend qu'il dut y avoir un grand malaise avant le jour où l'humanité fut sauvée
pour ainsi dire par la découverte du blé et
des instruments d'agriculture qui permirent
d'en jeter la semence dans de vastes plai-
nes et de le moissonner ensuite.

Les hommes si malheureux la veille furent cette fois reconnaissants, et la gloire
immortelle de Cérès se répand comme un
manteau d'or sur cette grande famille des
céréales qui flotte à la surface de la terre au
moment des moissons comme les vagues
d'un océan.

Mais les peuples, affamés et poussés par
une nécessité inexorable à augmenter les
ressources alimentaires dont ils disposaient,
trouvèrent-ils le blé tel que nous le possé-
dons aujourd'hui, ou durent-ils améliorer
une plante moins riche et moins belle qui
fut le point de départ d'une si magnifique
conquête ?

Ici deux opinions contradictoires se pré-
sentent, représentées toutes les deux par
des hommes illustres ; les uns disent que le
froment a été trouvé tel ou à peu près que
nous le connaissons, les autres affirment
qu'il est un produit de l'industrie humaine,
laquelle aurait, selon eux, perfectionné une
graminée telle par exemple que l'ægilops,
appelé par les Arabes de Syrie : La mère du
blé.

Ah ! s'il n'y avait eu aucun effort à faire
pour découvrir une plante si belle, je dirais
presque pour la créer, qui donc aurait songé
à déifier les promoteurs de la culture des céréales ? Et n'est-ce pas plutôt à l'inventeur
des premiers moulins à farine que les peuples reconnaissants auraient décerné les
honneurs de l'apothéose ?

D'ailleurs, les savants qui ont prétendu
avoir retrouvé le blé à l'état de nature ont-
ils réellement rencontré un végétal possé-

dant tous les caractères du froment cultivé aujourd'hui, en même temps que ceux d'une plante sauvage à formes constantes et indélébiles ? Sont-ils bien certains que ce n'était pas le débris d'une culture antérieure ? Et si chaque jour nous rencontrons au bord d'un sentier ou dans quelque lieu isolé des épis de blé dont nous ne connaissons pas l'origine, c'est qu'un passant en a laissé tomber la semence de sa main ou de son char ; ou bien c'est qu'un oiseau qui emportait du grain à ses petits l'a laissé échapper sur la terre, où il a pu germer et fructifier.

Des causes analogues, bien que plus difficiles à expliquer, peuvent chaque jour faire naître du froment sous les beaux cieux de l'Asie, de l'Egypte ou de la Sicile ; et c'est ainsi que le soleil aidant aux efforts d'une nature privilégiée, fait éclore et féconde les germes que le hasard a répandus çà et là sur la terre.

Aussi les premiers efforts de l'homme ont-ils été puissamment secondés par ces climats d'or et d'azur où venaient s'épanouir les civilisations naissantes.

Nul n'ignore les merveilles de ce splendide Orient qui semble s'elever à nos yeux du sein de l'éternité ; et nous ne pouvons nous lasser d'admirer l'immense travail qui a fait parvenir l'Asie à un si haut degré de splendeur, surtout quand nous songeons que les premiers pas sont si lents dans les sciences comme dans les arts, et que les triomphes de l'humanité sont marqués par des peines, des privations et des souffrances de toute nature.

Les hommes les plus remarquables et les plus puissants génies ont dû, pour se faire entendre, lutter contre des difficultés sans nombre, contre l'ardente opposition de la jalousie, du sarcarme, de l'envie et de la haine, tandis que de la part de la nature ils rencontraient devant eux les obstacles des voies non encore frayées et les ténèbres d'un inconnu dans lequel jusqu'alors nul n'avait pénétré.

Or, si l'Orient, par son énergie primitive, a su dissiper une nuit pareille et nous laisser la preuve éclatante de l'admirable génie auquel nous devons toutes les splendeurs de nos civilisations nouvelles ; si, de plus, il est constant que toutes les plantes qui ont attiré l'attention de l'homme se sont pour ainsi dire métamorphosées entre ses mains; si enfin, nulle autant que le blé n'a dû stimuler son intelligence et provoquer ses efforts, comment, lorsqu'on voit la flexibilité naturelle de cette céréale, quand on la retrouve sous une forme nouvelle partout où l'on porte ses pas, lorsqu'enfin la même sorte de grain, mise en terre sur la montagne et dans la plaine qui se touchent, donne des tiges et des grains différant les uns des autres par la forme et la dimension ; comment, dis-je, ne pas reconnaître, d'une part, que les beaux froments formés par l'homme pour servir de base à son alimentation doivent différer considérablement du gramen qui en est la souche ; tandis que, d'autre part, ces mêmes froments soumis par lui à un travail d'amélioration si ancien, si continu et si complet doivent nécessairement avoir tiré leur origine d'une plante sauvage, plus grêle et moins parfaite. Cette plante doit être l'ægilops, que l'on voit facilement fécondé par le blé sous la seule influence des lois naturelles, et par une sorte d'attraction qui puise sa force dans des analogies intimes, analogies trop profondes pour qu'ayant persisté à travers tant de modifications dues au travail de l'homme, elles ne soient pas une preuve puissante de l'identité d'origine.

D'ailleurs en l'absence d'une donnée historique ou expérimentale sérieuse il faut laisser toute sa valeur à la tradition qui dès lors et jusqu'à nouvelle information doit faire foi et remplacer l'histoire muette.

Tandis que les Arabes de Syrie, d'après M. Gaillardot, appellent l'ægilops : la mère du blé, je l'ai reçu moi-même d'Afrique sous le nom de Père du blé. Je l'ai semé en bonne terre et dès la première année j'en ai obtenu du véritable grain de froment dont j'avais alors donné un échantillon à M. Soyer-Villemet.

L'année suivante la plante fut détruite par la rouille comme certains blés d'Afrique avides de soleil et de chaleur que j'avais essayés dans des conditions semblables. Mais les faits les plus concluants seront toujours à mes yeux les fécondations naturelles de l'ægilops par le froment, faits que citent des observateurs aussi attentifs que MM. Requien, Esprit Fabre, Dunal, Godron et autres ; ainsi que la transformation de l'ægilops triticoïdes déjà fécondé par le blé et s'en rapprochant par la forme en ægilops speltæformis plus semblable encore au froment

et devenu tout à fait fertile par la simple
transplantation dans une terre meilleure,
(expérience d'Esprit Fabre citée par M. Godron encore).

Il faut donc accepter franchement tous ces
faits et reconnaître de deux choses l'une ;
ou l'affinité remarquable de l'ægilops pour
le froment, puisque, sans que l'homme y
aide en rien le mariage se fait entre ces deux
plantes au sein même de la nature ; ou bien
à la vue des ægilops triticoïdes trouvés par
hasard dans les campagnes de la France
méridionale, l'existence spontanée d'une
plante sauvage qui serait alors un blé véritable et trancherait définitivement la question.

Mais ne suffit-il pas que les deux gramens
déjà transformés en froment et dont je viens
de parler se trouvent çà et là dans les campagnes du Midi de la France pour que le
rapprochement spontané d'une plante sauvage et d'une autre plante qui a dû perdre
depuis bien longtemps ses caractères pri-
mitifs, prouve non plus seulement leur affinité, mais plutôt l'identité de leur origine.
Et si cette graminée hybride (ressemblant
au blé) aux formes déjà si développées par la
nature seule ne paraît pas douée d'une fé-
condité bien grande ; si même il faut souvent pour lui donner toute sa force productive une seconde fécondation, cela ne tient-
il pas surtout à la distance énorme qui sé-
pare les deux végétaux depuis le jour où
pour la première fois l'un a dû servir de
souche à celui qui depuis s'est tant méta-
morphosé entre les mains de l'homme et

sous la pression d'une impérieuse nécessité comme sous les efforts d'une industrie aussi attentive qu'intelligente.

Esprit Fabre prétend avoir vu l'ægilops triticoïdes se transformer tout naturellement en ægilops speltæformis par la simple transplantation dans une terre meilleure ; et c'est aussi ce qui a dû se réaliser dans les riches limons de l'Egypte et de la Mésopotamie où les gramens des sols moins féconds entraînés et enfouis de manière à germer et à végéter dans les conditions les plus favorables qu'il soit possible d'imaginer, ont pris aussitôt, sous l'influence d'un soleil splendide un plus grand développement et même des formes différentes comme des caractères nouveaux.

C'est ce que sur des blés ordinaires j'ai reconnu moi-même en voyant plusieurs fois parmi les champs, des épis venus dans quelque situation éminemment favorable, produire à la base des épillets d'autres épillets et parfois même un allongement de l'épillet ordinaire qui devenait un véritable épi et semblait m'indiquer comment avait pu se former le blé de Smyrne sous les influences merveilleuses de la plus admirable nature.

Comment après tous ces exemples refuser aux antiques civilisations de l'Orient, si puissantes autrefois, je dirais presque si imposantes et si solennelles, le mérite d'avoir modifié, comme le fait chaque jour le plus simple horticulteur, non pas la nature intime et profonde, mais la forme et certains caractères d'un gramen qui a dû attirer l'attention et provoquer tous les efforts des plus grands génies du passé.

Oui, cet admirable climat, ces alluvions si fertiles, le temps enfin qui creuse et détruit les rochers au moyen d'une goutte d'eau et qui porte dans les plis de son manteau tant de bienfaits, dont l'un sans doute a été un simple épi plus développé que ses congénères et béni par la Providence pour qu'un éclair de génie en fasse sortir la manne céleste, toutes ces raisons réunies en faisceau ne sauraient être détruites ou infirmées par des observations si judicieuses qu'elles soient et qui se rattacheraient à des différences de forme ou à des caractères aussi superficiels que ceux qui séparent les épeautres des engrains ou des poulards, et pour mieux dire, tous les froments les uns des autres.

IV.

VARIÉTÉS DU BLÉ.

Mais il résulte de cette aptitude que possède le blé de se plier à toutes les exigences de la nature, que de nombreuses variétés se sont formées sur la surface du globe, suivant les différences du climat, de la situation et du terrain ; que ces variétés se sont établies et fixées çà et là par zônes où elles se sont acclimatées, et que jusqu'au jour où un commerce plus actif et plus étendu les dissémina en tous lieux, elles formèrent dans les régions où elles s'étaient implantées des races distinctes et persistantes dont les qualités comme les défauts peuvent être comparés aujòurd'hui et permettre au praticien de les adopter ou de les rejeter suivant les produits qu'il pourrait en obtenir dans son exploitation.

L'étude des froments à ce point de vue présente un caractère d'utilité incontestable, et il n'est pas douteux que si dans toutes les terres où l'on sème du blé on employait les races les plus productives et les méthodes deculture lesplus avantageuses on arriverait à augmenter les récoltes dans une proportion telle que l'abondance ne cesserait de se répandre à flots sur les populations que la cherté des vivres tourmente maintenant sans relâche, leur fournissant même trop souvent des prétextes de reproches et d'agitations hostiles contre les gouvernements les plus sages.

Or, la différence qui existe entre les innombrables variétés aujourd'hui connues est telle que fort peu d'agriculteurs se doutent du profit qu'ils pourraient obtenir en adoptant celles qui conviennent le mieux à leurs terres ; et qu'au milieu du dédale qui les enlace, comme après les essais malheureux qu'ils ont tentés, il leur est impossible pour ainsi dire de sortir des anciens errements et de discerner la lumière qui semble se perdre sans retour au sein de la plus profonde et de la plus désolante obscurité.

Un grain, comme celui du blé de Pologne qui est des plus volumineux, ne donnera pourtant pas à la récolte un produit égal à celui de la plus petite semence. Puis, voici des froments admirables de forme, de qualité et de dimension qui ne résistent ni à la gelée, ni à des pluies prolongées, ni à l'action d'un soleil intense, de sorte qu'au moment de la moisson déjà les plus belles promesses se sont évanouies, et qu'il ne reste plus après tant d'efforts ou de si grandes espérances, que de désolants et cruels mécomptes.

Mais avec les variétés que l'on avait précédemment adoptées, il faut s'attendre à d'autres inconvénients aussi graves ; sans quoi l'on ne se plaindrait jamais puisqu'il n'y aurait pas de mauvaises récoltes.

Seulement les causes nouvelles de destruction qui viennent tout compromettre au moment où l'on s'y attend le moins, font que le cultivateur en butte à des découragements continuels, ne voyant autour de lui que des difficultés sans cesse renaissantes reste immobile dans sa prudence qui est pour lui, non pas le gage du succès, mais peut-être celui de la tranquillité.

Cependant, voici une grande question qui doit servir de stimulant à l'énergie et à l'intelligence de nos agriculteurs, et les amener peu à peu à tenter un sérieux effort pour élever la moyenne de leurs récoltes.

Autrefois la terre négligée, soumise à la jachère et rarement fumée, restait pauvre et s'accommodait bien d'une sorte de blé qui tallait convenablement dans un sol médiocre, et qui y fournissait assez de gerbes sans pouvoir y verser parce qu'elle n'y trouvait pas les éléments de richesse qui sont la première cause de la verse en amollissant la

tige et en exagérant la production du feuillage.

Mais aujourd'hui que l'on s'évertue à
améliorer la terre, à y enfouir une quantité
considérable d'engrais, à la mettre au moyen
des prairies artificielles et des plantes racines en état de fournir une végétation beaucoup plus puissante, les blés qui s'adap-
taient le moins à une méthode perfectionnée,
et qui se trouvaient bien dans des champs
moins fertiles, doivent nécessairement faire
place à des races plus avides de nourriture,
plus résistantes, plus trapues et surtout plus
productives, puisque les frais d'exploitation
devenant chaque jour plus considérables, il
faut absolument que le cultivateur arrive à
améliorer ses moissons et à les mettre à
l'abri des éventualités nouvelles que devait
faire naître un nouveau mode de travail.

Donc, sous peine d'être arrêté dans sa
bonne volonté, de se voir même puni de ses
efforts par la destruction de ses froments
écrasés par la verse dans les terres les mieux
soignées, le praticien le plus habile se voit
forcé de renoncer à ceux dont la paille est
trop molle, parce qu'ils tomberaient d'autant plus qu'il les placerait dans de meilleures conditions ; et par suite il doit adopter les races qui conviennent le mieux à un
sol bien fumé, qui y résistent le plus éner-
giquement à la verse et qui peuvent y donner
des produits considérables.

Mais il ne suffit pas d'éviter ces inconvénients et d'échapper à un danger ; car la
plupart des blés dont la paille s'élève droite
et ferme pour soutenir un épi rempli de

2

grains, et qui par là récompensent le cultivateur de ses peines dans les terres amélio-
rées en même temps qu'elles augmentent
dans une proportion notable la masse des
substances alimentaires destinées à la consommation publique, ces mêmes blés suc-
combent généralement sous l'effet des ge-
lées intenses, et sont parfois si radicalement
détruits par l'hiver qu'il n'en reste plus le
moindre vestige quand arrivent les premiers
beaux jours.

Aussi, après des succès éphémères voit-on
presque toujours les cultivateurs d'autant
plus découragés qu'ils avaient nourri de
plus espérances, renoncer pour toujours à
ces blés si remarquables qui tout à coup les
ont trahis, et revenir à celui qui ne leur
donnant que des récoltes médiocres leur
fournit du moins des produits plus égaux
et plus sûrs.

Pour sortir d'une pareille impasse en apparence privée d'issue, il importe donc
d'étudier avec soin, d'après les données de la
science, et aussi d'après les leçons d'une expérience longue et attentive, les qualités
comme les défauts de ces nombreuses variétés qui nous arrivent de tous les points du
globe, et qui s'étalent devant nos yeux
éblouis comme une flore aux mille formes
et aux nuances les plus diverses.

Mais si la science a beaucoup fait déjà
pour diriger l'agriculteur dans la voie nouvelle que le progrès lui a tracée, elle n'a pu
qu'effleurer encore les points les plus im-
portants d'une étude vraiment pratique, et
elle n'a point dissipé les ténèbres au sein

desquelles le cultivateur se perd en cherchant vainement à s'avancer.

Comment en effet pourrait-elle depuis son petit jardin si bien abrité de la bise lui fixer les limites où doit s'arrêter en rase campagne la culture de tel ou tel froment qu'un hiver rigoureux arrivant de loin en loin vient détruire ou faire triompher ?

Dira-t elle de ce coin du feu où elle suit paisiblement sa pensée quels phénomènes ont assailli de tous les points de l'horizon ces pièces de blé aujourd'hui vertes et luxuriantes, qui demain seront flétries et détruites par une action irremédiable destinée à revenir tous les quatre ou cinq ans comme un inexorable avertissement du ciel pour déjouer tous les calculs et forcer à reconstruire sur des bases nouvelles tout un échafaudage d'expériences qu'un seul instant aura brisé.

Là pourtant est le fait rigoureux, indiscutable ; et l'observation seule patiente, attentive, opiniâtre, à force de temps et de peines, après la lutte entremêlée de défaites et de triomphes, pourra divulguer enfin, le secret qu'elle aura trouvé.

Elle seule saura nous dire : telle variété de blé peut supporter dix degrés de froid, telle autre douze ou quinze, celle-là dix-huit et celle-ci vingt.

Telle mûrira sous l'influence de 1500 degrés de chaleur, telle avec 1600, tandis qu'à une autre il en faudra 1700, puis à une autre encore 1800.

Enfin arriveront les questions de la résistance de la paille ; celles du tallement, de

la qualité du grain, de sa propension à dé-
générer, etc.

Mais si, ne pouvant trouver une variété
qui réunisse toutes les qualités il fallait pour
élever la production chercher quelque méthode nouvelle de culture dont l'applica-
tion pourrait augmenter considérablement
les récoltes, çà serait encore l'expérience qui
viendrait nous dire : Voici le procédé qui
doit mettre ces moissons à l'abri de toutes
les éventualités en les assurant pour ainsi dire
contre toutes les chances mauvaises, et en
permettant d'obtenir une moyenne plus
élevée, plus rémunératrice et plus profitable
au pays.

V.

CLASSIFICATIONS ET TABLEAUX.

Ainsi qu'il a été dit plus haut, à des époques
où la culture plus pénible et les relations
commerciales moins étendues circonscri-
vaient les zônes agricoles de manière à y fixer
les races des animaux et des plantes, ces races
s'établissaient pour ainsi dire à poste fixe
sur le sol et nul mélange ne se faisait. Aussi le progrès était-il impossible, et c'était
assez de conserver dans toute leur pureté les
espèces que l'on avait choisies.

Mais aujourd'hui que de tous côtés affluent
les éléments d'un plus bel avenir, et qu'il
n'y a plus qu'a reconnaître et à adopter parmi tant de variétés plus parfaites celles dont

on peut obtenir les meilleurs résultats, il n'y a plus qu'à bien se rendre compte des aptitudes de chacuṇe d'elles afin d'en tirer parti en se garant de ses défauts.

Pour ne parler que des froments disons qu'on les a divisés d'abord en deux grandes classes : Froment d'hiver et de printemps.

Mais cette classification étant insuffisante on les a bientôt plus savamment distingués les uns des autres par les noms suivants qui indiquent leurs formes et leurs qualités apparentes.

Triticum Sativum (ord. à paille creuse)
    —   Turgidum (Poulard)
    —   Durum (Dur)
    —   Polonicum (De Pologne)
    —   Amyleum (Amidonnier)
    —   Monococcum (Engrain)
    —   Spelta (Epeautre)

Toutefois cette dernière division ne saurait présenter une grande utilité au cultivateur, tandis que la première est évidemment erronée puisqu'il y a des blés que l'on peut semer à la fois à l'automne et au printemps, ou même faire passer de l'une dans l'autre de ces deux catégories.

Sans doute il a fallu distinguer et je suis loin de repousser des indications qui sont le résultat d'une étude intelligente et raisonnée. Mais ce qui est surtout nécessaire au cultivateur c'est un guide utile et pratique, ce sont les leçons de l'expérience et la certitude qu'en adoptant telle ou telle sorte de blé il n'aura pas à courir la chance d'essais désastreux et de découragements sans fin.

Pour cela, comme je l'ai déjà dit, il faut

bien connaître quel degré de froid chaque variété peut supporter, quelle somme de chaleur est nécessaire pour l'amener à maturité, quelle est sa résistance à la verse, enfin quelle est sa force productive en terre riche eu tenant compte de la qualité du grain.

Relativement à la résistance au froid, je vais tracer en quelques lignes les premiers éléments d'un tableau que des praticiens plus habiles que moi pourront facilement compléter et qui est le résultat de semailles faites en rase campagne et sur des pièces de terre de plusieurs hectares.

Le blé rouge des départements de l'Est de la France, dit aussi blé de Seille résiste à vingt degrés environ...................... 20 d.

Le grand Rouge d'Ecosse. Blood Red à.............................. 14 d.
quelques autres tels que celui de Crépi probablement à un peu plus de....... 14 d.

Celui de Hunter paraît être plus rustique ainsi que le hardy wite d'Ecosse.

Puis arrivent les blés anglais, ceux de Noë, de Saint-Laıd, le blé hybride Galland, pétanielle blanche, qui ne supportent que dix ou de .... 10 à 12 d.
au-dessous de 0, et encore dans des conditions favorables, c'est-à-dire dans des terres bien exposées et convenablement assainies.

Car il faut tenir compte de bien des circonstances qui influent beaucoup sur la résistance des froments à la gelée, et qui dépendent surtout de la profondeur, de la pente, de la légèreté ou de la consistance, ainsi que de l'humidité plus ou moins grande du sol.

Or, si quelques unes de ces belles variétés ne peuvent, comme le Spalding, le Saumon hickling et la plupart de celles que nous fournit l'Angleterre, ni supporter les froids rigoureux, ni parvenir dans des conditions ordinaires à compléter la maturité de leur grain pour l'époque de la moisson, il est clair que partout où les excès de la température sont à craindre soit en hiver soit en été, il faudra renoncer à s'en servir, puisque si on les sème à l'automne on sera exposé à les voir détruites par le froid, tandis que si l'on veut retarder la semaille, les chaleurs de la belle saison hâteront la maturité et dessécheront le grain avant qu'il ait eu le temps de se bien former.

Voici donc tout naturellement une question nouvelle qui se présente, à savoir quel nombre de degrés de chaleur il faut à chaque variété particulière pour qu'elle parvienne à la maturité ; et c'est ici que l'on va voir que la division des froments en deux grandes classes où l'on rangerait ceux qui doivent être semés à l'automne et au printemps ne saurait avoir aucune fixité puisque le climat, la température, la nature de la paille et le mode de culture peuvent en faire passer un certain nombre de l'une dans l'autre de ces deux classes, ou même les placer dans toutes les deux en même temps.

Il y a, en effet, parmi les blés comme une échelle insensible qui conduit au point de vue de la précocité, de chaque sorte à sa voisine par une lente graduation ; et si l'on en étudiait attentivement la nature on reconnaîtrait que telle variété mûrit sous l'action de 1500 degrés de chaleur, telle autre sous celle de 1550, puis de 1600, de 1700, etc., jusqu'à 1900 environ ; que les blés dits de printemps sont ceux qui en exigent la moindre quantité, que ceux d'hiver sont ceux qui en exigent le plus et qui par cela même doivent avoir végété quelque temps à l'automne afin de mûrir en temps utile ; en un mot que pour savoir à quelle époque il faut semer telle ou telle sorte blé, la première chose à faire est de se rendre compte du temps qu'elle doit mettre dans une situation climatérique donnée pour accomplir toutes les phases de sa végétation.

On a écrit dans un ouvrage de mérite que le blé mûrit avec 1582 degrés depuis le retour de la température à 7 degrés au-dessus de 0. Mais quelle sorte de blé? Et après avoir reçu déjà quelle somme de chaleur accumulée avant l'hiver? Celui qui a été semé en novembre et qui a été arrêté par le froid aussitôt après la germination, s'il exige 1800 degrés pour mûrir les réclamera, presqu'entièrement lorsqu'il reprendra le cours de sa végétation, tandis que celui qui n'en veut que 1600 en tout, s'il en a déjà reçu 200 avant l'hiver, n'en demandera plus que 1400, de sorte que le chiffre de 1582 cité plus haut prouve une fois de plus combien peut être fautive une expérience isolée qui peut ainsi devenir la source des erreurs les plus graves.

On voit aussi par ce qui précède que la mauvaise saison ne compte guère dans cette lente évolution, car le grain *du froment* ne commence à germer qu'à une température de 4 à 5 degrés, s'arrête lorsque le froid descend au-dessous de cette limite et ne reprend sa marche qu'au moment où la température moyenne du jour atteint plus tard 6 ou 7 degrés.

Il ne faut donc estimer dans la vie du blé que le temps pendant lequel il a reçu la force végétative sous l'influence d'une chaleur dont le point de départ est indiqué par les chiffres qui viennent d'être cités, et il en résulte clairement que si une variété ordinaire exigeant 1800 degrés a déjà profité de 250 avant l'hiver, ce qui s'obtient en additionnant la température moyenne des jours d'automne où il a fait au moins 6 degrés, et qu'au moment où renaît la vie sous l'influence de la chaleur on sème une autre variété qui n'en exige que 1550, en supposant que celle-ci trouve dans le sol assez de fraîcheur pour germer sans aucun retard, toutes les deux seront mûres à la même heure ; de sorte que, suivant les exigences des différentes espèces, on pourrait en échelonnant la semaille suivant la précocité de chacune d'elles depuis octobre jusqu'en mai, après que l'une aurait profité de la température qu'elle demande en plus que la suivante, les voir toutes arriver en même temps à compléter leur existence ; et c'est par là que l'on parvient à faire tout naturellement avec des blés d'automne dont on a reconnu la précocité de véritables blés de printemps sans forcer la nature et sans s'exposer aux mécomptes qui sont la conséquence d'une métamorphose trop rapide et trop radicale.

Mais il importe beaucoup aussi de prendre

en considération la force et la résistance de la paille ; car les froments semés trop tard ont une tendance marquée à taller et par suite à ne pas monter.

Les variétés dites d'hiver, semées en mai ou en juin semblent, si j'ose m'exprimer ainsi, avoir le sentiment de l'impossibilité où elles seraient de mûrir la même année. On dirait qu'elles comprennent leur impuissance, qu'elles réservent toutes leurs forces pour l'avenir, étendant leurs racines, multipliant leurs tiges, et si l'hiver n'est pas assez rigoureux pour les détruire, ne montant qu'au printemps suivant.

Si donc on sème tard, pour obtenir une récolte il faut employer une variété à la fois solide et hâtive dont la paille ait une telle rigidité qu'elle monte plus facilement et talle moins ; de sorte que l'on ne saurait trop rechercher pour former de bons blés de mars ceux qui possèdent les deux qualités que j'énumère encore parce qu'elles sont de la plus grande importance : solidité de la paille et précocité.

Il faudra sans doute ne pas épargner la semence ; mais, du moins, on sera plus sûr de la réussite, comme le prouvera le fait suivant : Dans une de mes semailles de Richelle de mars qu'un printemps humide empêchait de monter, je me souviens d'avoir au contraire vu du blé d'hiver rouge de Saint-Laud qui s'y trouvait par hasard se développer convenablement et fournir de bons épis, phénomène étrange et en apparence contre nature que la fermeté de la paille du blé d'automne a pu seule m'expliquer.

Ici donc encore il faudrait faire deux tableaux que je vais seulement esquisser ; le premier indiquant la précocité d'après la quantité de chaleur dont chaque sorte de froment a besoin pour mûrir, et le second destiné à fairé connaître la force de la paille et la propension à monter.

1er TABLEAU.

Précocité.

Blé de Victoria de mars, environ	1500 degrés
— ordinaire barbu, dit de mai .	1500 —
— hérisson	1550 —
— de la Brie, de Saumur, de mars sans barbe, etc	1550 —
— bleu, de Noë, de mars	1650 —
— rouge de Saint-Laud	1700 —
— Galland, Pétanielle blanche,	1800 —
— Rouge ordinaire et la plupart des blés d'automne . .	1850 —
— Rouge Anglais et Ecossais , Saumon hickling, etc.. . .	1900 —

Voilà les chiffres qui indiquent approximativement la chaleur nécessaire à la complète maturité ; non pas que l'on ne voie souvent des sortes tardives arriver au terme de la végétation aussitôt que d'autres plus hâtives.

Car si la sécheresse est excessive et la terre absolument privée d'humidité, toutes les récoltes sont forcées de sécher sur pied et de mûrir en même temps ; mais alors les espèces les moins précoces n'ayant pu se développer complètement, fournissent un grain retraît qui est plutôt passé que mûr, surtout si par nature il exige beaucoup de nourriture et de fraîcheur ; et celui-là seul est réellement parvenu à compléter sa végétation qui est arrivé progressivement au terme de son existence après en avoir parcouru toutes les phases au moment ou le sol a été complètement desséché.

2ᵉ TABLEAU.

Résistance de la Paille.

1° Paille très courte
   et très ferme . . . .   Rouge de St-Laud
          —   Bleu de Noë.
2° Blanc de Hongrie, etc.   —
2° Longue mais résis-
   tante . . . . Poulard, de Crépi.
La plupart des blés Anglais et Ecossais.

3° Paille plus courte mais moins solide, blé de mars, celle de la Richelle est demie pleine et longue.

4° La plupart des blés fins, tels que le rouge de la Seille, ont une paille fine qui se courbe facilement.

On pourrait indiquer de même la puissance du tallement qui serait à peu près en sens inverse de la résistance de la tige comme l'indique l'aperçu suivant :

3ᵉ TABLEAU.

Tallement considérable, Rouge de la Seille.
Puis la plupart des blés
   d'hiver . . . . Blanc de Flandre.
          —   Chiddam d'automne.
          —   Hunter blanc.
          —   Golden Drap.
Puis les . . . . Poulards.

Puis enfin les blés de Saint-Laud, le blé bleu et quelques blés de mars.

Les deux derniers tableaux rapprochés l'un de l'autre indiqueraient d'une manière précise en dehors de la question de la gelée, la place où il faudrait mettre chaque sorte de froment, car dans les moins bonnes terres on doit placer celui qui talle beaucoup, et dans les meilleures, celui qui fournit le moins de végétation herbacée, mais aussi les plus beaux épis; et le cultivateur obtiendrait toujours de son travail la plus large rémunération possible.

VI.

DÉFAUTS DES VARIÉTÉS DIVERSES ET MOYENS D'Y OBVIER.

Néanmoins il ne faudrait pas négliger de tenir compte de la qualité du grain ; car les poulards si productifs et si avantageux d'ailleurs ne sont acceptés par les commerçants et les meuniers qu'avec une grande répugnance.

Il est vrai que l'on s'habitue peu à peu à l'introduction des sortes nouvelles parmi les plus anciennes et que l'hésitation première disparaît chaque jour avec la multiplicité des transactions ; mais pourtant il n'est pas douteux qu'il y a des variétés à grain tellement grossier qu'il faut éviter de les cultiver sur une grande échelle parce qu'en temps d'abondance le placement en serait impossible.

Enfin il reste à examiner une question de la plus haute importance qui est celle du tallement ; car si une variété fournit le double d'épis d'une autre, il est clair que le cultivateur en voyant son blé peu épais au printemps pourra conserver des espérances qu'il n'aurait plus avec une variété qui ne fournit presque point de tiges ; tandis que si la semaille est drue, dans un sol très-riche, l'espèce qui talle beaucoup ne pourra manquer de jeter de toutes parts une si grande quantité de brins que le feuillage couvrira bien vite la terre, interceptera l'air et la lumière, et sera cause par un temps humide de l'amollissement et de l'affaiblissement du pied ; si bien que celui-ci n'ayant plus la force de supporter un poids trop considérable se courbera, causera la verse, et par suite le manque de fructification, puis la perte de la récolte.

Le cultivateur intelligent ne manquera pas d'employer moins de semence pour un froment qui s'élargit beaucoup que pour un autre qui donne peu d'épis. Quand ce dernier sera trop clair au mois de mars il pourra le regarnir au moyen d'une variété hâtive, tandis qu'il se gardera bien de le faire si son blé plus productif de tiges peut en s'élargissant plus tard fournir une abondante récolte.

Pour ses terres pauvres, il choisira celui qui talle le mieux ; pour ses terres riches, celui qui talle le moins et dont la paille plus ferme supporte de plus beaux épis.

Enfin il n'hésitera pas à jeter dans la terre un dixième ou même un cinquième de semence en plus de blé montant bien et tallant mal que de celui qui talle bien au contraire et qui monte avec difficulté.

Il tiendra compte aussi de la grosseur du grain, ne perdant pas de vue qu'un seul de ces magnifiques épis de blé Galland ou de Noé quelquefois un peu clair à la moisson, pèsera autant que quatre ou cinq épis de quelque variété à paille abondante et maladive, trop serrée au moment de la fructification et ne fournissant dès lors que des grains petits et peu nombreux.

Il saura que plus il y a de paille et de feuilles, plus la rouille et l'avortement sont à craindre, que par suite l'apparence de la récolte, au mois d'avril, est souvent toute opposée à celle que l'on observe à la moisson, et ce qu'il tâchera d'obtenir surtout, ce sera une moyenne de plus en plus élevée, conséquence naturelle d'une observation attentive et de l'adoption d'un bon système.

J'ai dit que les variétés de mars sont en général moins disposées à s'élargir que les autres. Mais pourtant les petites races à grain fin fournissent plus de brins que les races plus fortes et à gros grain. Pour les semailles très tardives il faudrait donc les préférer à la veille des sécheresses de l'été qui empêchent la plante de se bien nourrir et la font monter rapidement, surtout si elles sont assez précoces pour que l'on soit sûr de les voir arriver à maturité dans des conditions aussi désavantageuses.

Toutes les considérations qui précèdent, complétées par l'expérience et par le rapprochement d'observations attentives continuées pendant de longues années, imprimeront à l'agriculture une impulsion nouvelle et lui permettront de produire des quantités de grain jusqu'alors inconnues. Elles auront pour résultat certain de récompenser le travail et l'intelligence du cultivateur en lui faisant obtenir des récoltes en rapport avec l'état de richesse où il aura su amener sa terre ; enfin elles deviendront la source réelle de l'abondance et relèveront la France du tribut qu'elle paie à la Russie ou à d'autres nations qui jusqu'à présent ont pu produire plus abondamment et à moindres frais.

VII

SEMAILLE DU BLÉ

On a vu que dans les sols médiocres où le tallement ne saurait jamais être trop considérable, on peut semer à l'automne le blé rouge de la Seille et la plupart des variétés ordinaires dont les principales qualités sont de fournir des gerbes en abondance et de résister aux froids les plus rigoureux.

Mais comme le blé Galland (Pétanielle blanche) végète bien dans toutes les terres et qu'on peut l'y enfouir jusqu'au premier ou au 5 mars, on doit préparer les champs à l'automne et jusqu'à cette date approximative du 5 mars, pour y mettre, non pas à l'automne puisqu'elle serait exposée à la gelée, mais durant tout l'hiver cette variété si remarquable.

Puis enfin sur des cultures plus récentes
et à mesure que la saison marche en avant,
il faut employer des espèces plus précoces
telles que le blé bleu d'abord, puis enfin
d'autres plus hâtives encore, comme le blé
hérisson, et toujours de manière à les mettre dans les conditions qui sont en rapport
avec leur nature et qui assurent la récolte
d'une manière presque indubitable.

Ainsi, la préparation du sol faite à l'automne ou durant l'hiver pour recevoir une
semaille de blés bien choisis quand arriveront les premiers beaux jours, tel est le
moyen qui paraît pouvoir le mieux assurer
l'augmentation du produit jusqu'à ce que
le progrès ait fait réaliser quelque nouvelle
conquête à la science agricole.

D'ailleurs une terre tassée pourvu qu'elle
soit ameublie à la surface est celle qui
convient le mieux au froment ; et c'est pré-
cisément ce que lui fournit une culture an-
cienne avec une semaille et un hersage faits
quelque temps après.

De plus, s'il est vrai de dire que les blés
d'hiver semés à l'automne ne recommencent
à végéter que lorsque la température s'est
relevée jusqu'à six ou sept degrés, tandis
que la germination de ceux que l'on sème
plus tard s'effectue sous l'influence d'une
température plus basse, il est facile de s'expliquer comment, quelques jours de juillet
ou d'août fournissant plus de degrés de
chaleur que des mois entiers d'un hiver rigoureux, une variété qui monte bien, si peu
qu'elle soit hâtive, se trouvera dans les meilleures conditions possibles pour arriver

assez tôt à maturité comme pour défier toutes les circonstances fâcheuses, en étant confiée au sol avant le temps où se fait la germination et où reprend la végétation.

Néanmoins, il ne faudrait pas accepter avec une trop grande confiance les données des ouvrages qui indiquent la fin de mars comme le moment de cette reprise de la vie du froment ; car j'ai toujours remarqué que si cette végétation apparente ne se révèle à la surface du sol qu'à cette époque déjà avancée, au moment où le feuillage souffre encore et paraît ne pas déjà renaître, les racines abritées et cachées continuent leur travail souterrain, grandissent et se ramifient, de sorte que la date du 20 mars indiquée approximativement au moins comme celle de la renaissance est presque toujours bien devancée sous un climat aussi doux que celui de Paris, et qu'il ne faut en aucune sorte compter sur une bonne récolte si l'on attend jusque-là pour confier à la terre la semence d'un blé d'une précocité moyenne. Il est nécessaire aussi de bien se rendre compte du double effet que la gelée produit sur le blé confié à la terre.

Plus on le sème tard, moins il gèle, mais en revanche plus facilement il se déchausse, d'où il résulte qu'en semant en décembre, janvier et février jusqu'au commencement de mars les froments précoces les plus productifs, contrairement à l'opinion générale, on mettra la récolte à l'abri de la destruction par le froid, mais à la condition d'enterrer le grain par un hersage énergique et à une profondeur telle que la pluie ni la gelée ne puissent le ramener à la surface du sol où il périrait infailliblement.

Par l'emploi bien entendu de cette méthode, on évitera aussi la rouille prolongée du printemps, la plus grave des maladies du blé, celle qui presque toujours est la cause des mauvaises récoltes.

Car cette rouille, appelée vulgairement la maladie du blé, l'attaque sous l'influence d'une température humide et froide, mais disparaît rapidement et ne diminue pas sensiblement la production si la chaleur arrive à temps .

Mais si la plante, ayant fini de taller, veut prendre un nouvel essor et se trouve arrêtée par le mauvais temps au moment où elle veut monter et pour ainsi dire se rapprocher du soleil, elle souffre , s'étiole et fructifie mal, ne trouvant plus autour d'elle les conditions de développement que réclame impérieusement sa nature.

Jusqu'alors elle semblait ne pas avoir conscience de sa destinée, étalant son feuillage à la pluie, au vent et au soleil, comme l'enfant qui sourit aux beaux ainsi qu'aux mauvais jours; mais arrive le grand effort de la nature et l'âge de la formation complète.

Pour traverser une pareille crise, il faut à la plante la tiède haleine du printemps, de même qu'il faut à l'adolescent les circonstances favorables qui lui préparent une existence nouvelle.

Dès lors, si un blé d'une précocité suffisante pour regagner plus tard le temps dont les autres ont déjà profité n'est confié à la terre que dans une saison avancée, il ne

talle que pendant les pluies froides du printemps, qui sont favorables à cette période
de sa végétation, ne subit qu'au moment où
revient la chaleur la crise dont je viens de
parler, ne souffre jamais, marche sans que
rien l'arrête, reste toujours vert et vigou-
reux, arrive aisément à la floraison et produit infailliblement des épis bien remplis
de grains qui fournissent une abondante
récolte.

Telle est la méthode la plus pratique et la
plus sûre d'éviter les trois grandes causes
de l'infériorité des moissons, la gelée, la
rouille et la verse ; tel paraît être le plus sûr
moyen d'établir un rapport exact et certain
entre l'état du sol et l'abondance du produit.

Que de récoltes manquées par suite de la
gelée, de la rouille et de la verse ! Combien
de champs qui pourraient tant produire au
moyen de leur admirable fertilité trouvent
dans cette fertilité même une cause de destruction pour le grain que l'on devrait y
récolter en abondance ! Et n'est-ce pas là
une source de découragements qu'il faut
s'efforcer de tarir, quisqu'elle est un des
plus grands obstacles que puisse rencontrer
le progrès agricole.

On a pu reconnaître par les indications
précédentes que les blés les plus productifs
sont souvent ceux qui redoutent le plus les
hivers rigoureux ; et, s'il est vrai de dire
que l'on pourrait obvier à un si grave in-
convénient aussi bien qu'à celui de la rouille,
ainsi que je l'expliquerai plus loin, en ne
semant pour ainsi dire que des blés de prin-

temps, il faut reconnaître aussi que dans les grandes exploitations, en voulant tout cultiver après l'hiver, on ne saurait parvenir à compléter la préparation du sol dans les quelques jours de beau temps que l'on a souvent tant de peine à saisir dans les mois de février et de mars.

Si le printemps est humide, le travail se trouve retardé ; s'il est sec au contraire, la levée se montre inégale, lente et souvent si mauvaise que la récolte en sera sensiblement diminuée, lorsque plus tard la maturité sera hâtée par les chaleurs qui rétrécissent le grain et le dessèchent au moment où il devrait achever de se développer.

Mais puisqu'il n'est pas douteux que l'hiver détruit dans notre région les variétés de froment qui pourraient augmenter les récoltes d'un quart et au-delà , puisque d'ailleurs le quart obtenu en sus représente un bénéfice net, il est de la plus haute importance de faire un sérieux effort pour le conquérir.

Or, les blés anglais si beaux et si productifs ne peuvent dans notre zône resister aux températures extrèmes de l'hiver et de l'été, il faut pour les semailles d'automne s'en tenir en terre médiocre au blé de la Seille, en terre riche à ceux de Crépi (Français), aux Hunter et Hardy Wite (Ecossais) qui supporteront bien le froid tout en convenant aux sols de première qualité.

La plupart de nos belles variétés de l'ouest comme celles de l'Angleterre, exigent un climat plus doux que le nôtre et des hivers plutôt humides que secs, de sorte que si tous les deux ans en moyenne ils peuvent produire une abondante récolte, tous les deux ans, par contre, il faudrait se résigner à les voir détruits plus ou moins radicalement par la gelée ; les blés dits Galland et bleu de Noé surtout dont la réputation est à juste titre si grande aujourd'hui, ne sauraient s'accommoder d'une méthode de culture ordinaire qui les exposerait trop souvent à une destruction complète ; et il faut nécessairement, jusqu'à ce que l'on soit bien assuré d'avoir découvert des races aussi productives et résistant mieux au froid, employer quelque moyen pratique de tirer parti de celles-là sans risquer de les voir périr au début de leur végétation.

Il est aussi très important de savoir dans quelle proportion il faut employer la semence, car trop ou trop peu de grain donne également un mauvais résultat ; et cependant, suivant la richesse du sol et l'espèce de blé employée, il faut y mettre depuis 125 jusqu'à 400 litres à l'hectare. Dans quelques parties de la Limagne, où, suivant un vieux proverbe du pays, au printemps on doit pouvoir jouer au palet dans les blés, 125 litres bien semés pourront produire 40 hectolitres, tandis que dans la Crau, où l'on dit, par contre, que le boisseau se sème comble et se récolte ras, il faut, pour mettre le sol à l'abri des ardeurs du soleil, risquer l'énorme quantité de 400 litres de grain ; or, cette quantité considérable, si elle était confiée à une terre très riche, y causerait presque toujours l'anéantissement de la récolte.

En s'appuyant sur les données précé-

dentes et en attendant que l'on ait découvert
quelque variété de froment qui réunisse
toutes les qualités désirables de résistance,
de force productive et de valeur commercia-
le, il faut donc chercher quelque moyen qui
permette de tirer tout le parti possible des
races vraiment fécondes et rémunératrices
et d'augmenter les récoltes dans une grande
proportion.

VIII

EXPÉRIENCES ET OBSERVATIONS

J'aurais pu, en m'occupant d'une
étude si importante et si complexe, entrer
dans bien des détails peu connus, et
d'abord raconter comment a été introduit
en France le remarquable blé bleu que M.
Planté, meunier de Nérac, a choisi parmi
des variétés nombreuses venues d'Odessa.
J'aurais parlé de ces belles races orientales
parmi lesquelles se distingue celle de Smyrne à épi composé qui ressemble à une grap-
pe de raisin ; j'aurais insisté sur ce fait
qu'au milieu des moissons j'ai rencontré
souvent de ces épis superbes venus dans
quelque place privilégiée, chargés d'épillets
surabondants comme ce blé de Smyrne (dit
de miracle), et qui m'indiquaient bien les
moyens employés par l'homme et par la nature pour faire venir des produits de plus
en plus développés.
J'aurais dit qu'on a vu obtenir avec de

bonnes sortes de froment jusqu'à 72 hectolitres de grain par hectare et que c'est là une preuve incontestable de ce que l'on pourrait faire si l'on s'appliquait sérieusement à tirer parti dans des terrains fertiles du mérite de certains froments.

Enfin, j'aurais raconté, à la suite de tant d'expériences utiles, celle moins importante peut-être mais non moins remarquable de l'Irlandais Miller, qui, après avoir semé un grain isolé en juin et en avoir partagé les tiges résultant d'un premier tallement, en a obtenu 21,000 épis et 576.840 grains ; mais je me bornerai à dire, pour terminer ce travail au point de vue purement agricole, que si Cuvier, à la suite de longues et patientes observations, pouvait, au moyen de l'examen attentif d'un simple osselet, reconstituer en imagination toute la charpente d'un animal dont il retraçait ainsi toutes les formes, parce qu'il rattachait dans son esprit ce petit os à un ensemble complet en se rendant compte des rapports harmoniques créés par la Providence pour permettre à un animal d'accomplir sa destinée ; de même l'agriculteur exprimenté, en examinant avec soin un seul grain qui lui sera soumis, pourra se rendre compte par analogie, d'une manière assez exacte de la forme, comme de la nature de la plante entière.

Un grain court, rond et bien nourri, dans une année ordinaire, indiquera presque toujours une paille courte, ferme et trapue.

Un grain allongé et à son fin, une paille plus longue aussi, plus flexible et douée d'une plus grande finesse, mais assez exposée à la verse.

Le grain conique appartient aux poulards généralement très productifs, mais souvent assez grossiers.

En général, le son mince annonce un bon tallement, mais une certaine faiblesse de la tige, tandis que le son plus épais dénote plus de résistance à la verse, un tallement moindre, et par suite, la nécessité d'une semaille plus serrée.

Par toutes les considérations précédentes, il est facile de comprendre qu'un grand progrès est réalisable dans la production du froment et que ce progrès est nécessaire, puisqu'il tarirait l'une des principales sources du découragement, qui éloigne des campagnes les cultivateurs, entourés déjà de tant de difficultés de toutes sortes.

Le monde entier se prépare à déverser sur la France et l'Angleterre d'énormes quantités de grains dont la production est partout plus facile et moins onéreuse que dans ces deux pays, où le prix de la main-d'œuvre s'élève chaque jour, suivant une progression que rien ne semble devoir arrêter.

C'est là encore pour notre agriculture une cause nouvelle de difficultés, à laquelle il n'y a qu'une chose à opposer, l'augmentation des récoltes, sur une même surface, et par suite l'abaissement du prix de revient.

IX

CONCLUSION.

On a pu reconnaître par les observations précédentes qu'il y a dans la culture comme dans la production du blé de grandes améliorations à faire, mais à la condition de surmonter bien des obstacles devant lesquels se sont arrêtés souvent les agriculteurs les plus intelligents et les plus expérimentés.

Le progrès se réalisera peu à peu, car l'intérêt public le réclame impérieusement.

Mais si les populations urbaines appellent avec inquiétude la baisse du prix des substances alimentaires, les cultivateurs par l'abandon des fermes et l'émigration vers les villes prouvent bien, malgré eux, à ces populations souffrantes, qu'ils ne peuvent dans les conditions où ils se trouvent euxmêmes leur fournir à moindre prix la nourriture dont la production n'est presque jamais en rapport avec la demande.

L'élévation progressive des frais d'exploitation et des salaires, l'essor immense de l'industrie qui s'empare des bras autrefois destinés à l'agriculture ; la difficulté si décourageante, enfin qui ne permet pas habituellement d'obtenir une quantité de blé proportionnée à l'amélioration du sol ; telles sont les principales causes d'un trouble profond au sein des campagnes sur lesquelles se trouve suspendue pour l'avenir la menace de difficultés toujours croissantes dont l'intérêt général semble à première vue réclamer impérieusement la continuation progressive.

Les apports considérables qui nous viennent de l'étranger pour combler un vide souvent énorme sont un grand bien sans doute dans les années de disette ; mais ils enlèvent trop souvent à la France et à son industrie des centaines de millions qui servent à fortifier des peuples parfois hostiles dont on pourrait facilement se passer.

D'ailleurs on ne saurait remplacer à prix d'or un déficit important sans causer des difficultés et même des crises financières qui pèsent sur toute la nation, de sorte qu'il n'est pas douteux que l'insuffisance des récoltes est la source d'un malaise universel que rien ne saurait calmer entièrement.

Il faut donc avant tout s'efforcer de produire davantage dans notre France , si riche et si belle où la culture du blé sera sans doute longtemps encore la véritable culture nationale et dont le sol est assez fécond pour tout donner en abondance si le travail de l'homme ne lui fait pas défaut.

Obtenir des récoltes considérables et les vendre à un prix modéré, telle est l'ambition bien naturelle du campagnard qui ne rêve pas les grandes fortunes dues au hasard et à d'heureuses spéculations, mais qui trouve sa joie dans les belles moissons bien plutôt que dans la cherté des grains.

Or ces aspirations de l'homme laborieux, patient et infatigable mériteront toujours les encouragements d'un gouvernement sage et clairvoyant parce qu'elles sont le gage le plus sûr de la tranquillité générale et du bonheur public.

C'est en vain que l'on prétendrait dominer la force irrésistible des événements si l'on ne s'appliquait tout d'abord à produire le pain qui alimente les familles et qui, s'il n'est pas à un prix trop élevé devient le meilleur calmant des imaginations populaires surexcitées, quand le blé est cher, par les plaintes du foyer domestique.

Ventre affamé n'a point d'oreilles est un proverbe que vient trop souvent sanctionner la coïncidence des révolutions avec le haut prix des subsistances.

Il faut donc le blé à bon marché et il le faut par le meilleur de tous les moyens, c'est-à-dire par les grandes récoltes.

Mais pourtant que l'ouvrier ne s'y trompe point, et qu'il reconnaisse tout d'abord la puissance absolue d'une loi économique en vertu de laquelle plus il gagnera , plus il provoquera par son aisance comme par des dépenses plus considérables la hausse de la plupart des objets de consommation dont le prix progressera comme celui des salaires dans une proportion à peu près égale et continue.

Il résulte de là qu'il ne suffira pas d'augmenter la production du blé non plus que de trouver différents moyens de faciliter l'exploitation du sol.

Le cultivateur y trouvera bien la possibilité de mieux payer ses ouvriers et par suite d'en conserver quelques-uns dans les campagnes. Il pourra aussi par des moissons plus abondantes empêcher la cherté de prendre des proportions exagérées et accomplir ainsi d'une manière utile et profitable à tous, sa tâche si pénible et si lourde. Mais si les populations des villes continuaient d'augmenter en nombre tandis que celles des villages diminueraient sans cesse, bientôt il en résulterait un défaut d'équilibre qui ne manquerait pas d'amener peu à peu de grandes perturbations au sein du pays, un malaise insupportable parmi les classes ouvrières, et quoi que l'on puisse faire un déficit dans la production par suite du manque de bras et de l'insuffisance du travail agricole; car ce travail diminuerait au moment même où il deviendrait plus nécessaire pour contenter dans les grandes cités des exigences de plus en plus nombreuses et difficiles à satisfaire.

Il faut donc désirer et espérer que l'amour du travail et le dévouement à la patrie ramèneront bientôt un peuple généreux auquel on doit être fier d'appartenir à la pratique des vertus sublimes qui l'ont fait autrefois le plus grand et le plus jalousé de tous. Le progrès agricole et l'aisance générale qui doivent en découler réclament impérieusement le retour de la pensée comme du travail à la source de toutes les grandes et indispensables productions premières.

Aussi, ce que simplement nous voudrions pouvoir faire, nous humbles habitants des campagnes, ce serait de tarir par tous les moyens qui sont en notre pouvoir, la cause des découragements qui entraînent vers les

villes des travailleurs séduits par le mirage
des satisfactions mansongères, de calmer les
inquiétudes qui tourmentent le cultivateur
en présence de difficultés chaque jour plus
considérables, c'est enfin de lui démontrer
que la production de la plus importante de
ses récoltes peut être en rapport direct avec
l'amélioration du sol, et qu'il pourrait obtenir facilement des moissons plus abondantes
et plus rémunératrices.

Car, si modeste que soit en apparence le
rôle de l'agriculteur au milieu des splendeurs
de la civilisation, il faut bien reconnaître
que c'est lui surtout, qui, par des efforts
persévérants et opiniâtres peut rendre aux
populations inquiètes la confiance dans un
meilleur avenir, qu'il a pour mission d'af-
franchir la patrie d'un tribut énorme consa-
cré à enrichir et à fortifier l'étranger ; et que
si c'est une tâche pénible, du moins c'est un
beau rôle pour lui de rester ferme et iné-
branlable à son poste, et de retenir dans les
campagnes une population forte, énergique,
patiente, endurcie, qui, lorsque reparaîtra
le jour des luttes suprèmes pourra supporter
les privations comme les fatigues, et porter
vaillamment encore, ainsi qu'aux plus beaux
moments de notre histoire, le sublime dra-
peau de la France, qui redeviendra, j'en ai
la foi, la gloire de notre patrie et le phare
de l'humanité.

Nancy. — Imp. G. Crépin-Leblond.

NANCY. — TYPOGRAPHIE

www.ingramcontent.com/pod-product-compliance
Lightning Source LLC
Chambersburg PA
CBHW061630060726
47597CB00005B/1879